BEI GRIN MACHT SICH IHR WISSEN BEZAHLT

- Wir veröffentlichen Ihre Hausarbeit, Bachelor- und Masterarbeit

- Ihr eigenes eBook und Buch - weltweit in allen wichtigen Shops

- Verdienen Sie an jedem Verkauf

Jetzt bei www.GRIN.com hochladen und kostenlos publizieren

GRIN

Warum ist die Verlängerung der Akkulaufzeit von Smartphones für Hersteller so schwierig?

Alexander Christian Strasser

Bibliografische Information der Deutschen Nationalbibliothek:

Die Deutsche Nationalbibliothek verzeichnet diese Publikation in der Deutschen Nationalbibliografie; detaillierte bibliografische Daten sind im Internet über http://dnb.d-nb.de abrufbar.

ISBN: 9783668872356
Dieses Buch ist auch als E-Book erhältlich.

© GRIN Publishing GmbH
Nymphenburger Straße 86
80636 München

Alle Rechte vorbehalten

Druck und Bindung: Books on Demand GmbH, Norderstedt Germany
Gedruckt auf säurefreiem Papier aus verantwortungsvollen Quellen

Das vorliegende Werk wurde sorgfältig erarbeitet. Dennoch übernehmen Autoren und Verlag für die Richtigkeit von Angaben, Hinweisen, Links und Ratschlägen sowie eventuelle Druckfehler keine Haftung.

Das Buch bei GRIN: https://www.grin.com/document/455546

Ein dunkler Handybildschirm schon nach fünf Stunden: Ohne Alternative?

Warum ist die Verlängerung der Akkulaufzeit von Smartphones für Hersteller so schwierig beziehungsweise welche Entwicklungsmöglichkeiten gibt es hierfür?

Alexander Strasser

Abgabetermin: 13.02.2015

Abstract

Während herkömmliche Mobiltelefone noch tage- bis wochenlang mit einer einzigen Akku-ladung betrieben werden konnten, fiel diese Laufzeit mit Aufkommen von Smartphones auf oft nur wenige Stunden. Dies insbesondere wegen der unendlich scheinenden Möglichkeiten von Anwendungsgebieten, der always-on-Funktionalität sowie der zahlreichen, zumeist energieintensiven Applikationen und Programme. Ich erläutere den Aufbau von klassischen Mobiltelefonen, erkläre die Unterschiede zu modernen Smartphones und widme mich ausführlich der Analyse der größten Energieverbraucher mit dem Ziel, die Hauptansatzpunkte für mögliche Verbesserungen aufzuzeigen. Ich gehe dabei auf die Ebene der Basiskomponenten ein, um darzulegen, dass Entwicklungsschritte sinnvoll und effektiv vor allem auch bei den grundlegenden Bausteinen ansetzen müssen. Ebenfalls analysiere ich die Optimierungsmöglichkeiten im Peripheriebereich bzw. bei verbundenen bzw. externen Komponenten. Zum Schluss versuche ich einen Ausblick in die Entwicklungszukunft, um die Veränderungen bei mobilen Geräten vorzustellen, die am wahrscheinlichsten in naher Zukunft realisiert werden (könnten).

Inhalt

Einleitung

Ich bin zu diesem Thema gekommen, weil ich mich privat enorm viel mit Elektronik, Schaltungstechnik, aber auch Informatik beschäftige. Im Bereich Elektronik entwickle ich auch immer wieder eigene Geräte, so zum Beispiel eine Funkuhr, welche das DCF-77 Zeitsignal aus Deutschland auswertet und auf einem LC-Display ausgibt. Vor allem bei Geräten, die mit Akkus oder Batterien betrieben wurden, oder solchen, die über einen längeren Zeitraum ständig aktiv sind (beispielsweise eine Alarmanlage für meine Werkstatt), musste ich sehr genau auf den Stromverbrauch achten und diesen mit verschiedensten Optimierungen und schaltungstechnischen Tricks verringern.

Durch meine Affinität zu Microcontrollern (Chips, die nicht nur eine CPU sondern auch den Arbeits- und Programmspeicher und einige Peripheriebausteine auf dem Die tragen) lernte ich mehrere, durchwegs sehr maschinennahe Programmiersprachen. Der Vorteil solcher besteht darin, dass der Code auf dem Prozessor sehr zeitnah, kompakt und effizient, mit möglichst wenigen Befehlen ausgeführt wird, während den Programmierer bei objektorientierten Sprachen die eigentlichen Abläufe und Befehle innerhalb des Prozessors gar nicht mehr interessieren, weil diese auf das Ergebnis und die Ausgabe ausgelegt sind. Ohne objektorientierte Sprachen, welche das Programmieren komplizierter Programme erleichtern bzw. überhaupt sinnvoll machen, wären viele heutige Innovationen, beispielsweise das Betriebssystem Android für mobile Systeme überhaupt nicht möglich. Der große Nachteil dieser objektorientierten Sprachen besteht allerdings darin, dass der Code sehr aufgebläht wird und vergleichsweise enorm langsam läuft. Deswegen werden immer stärkere Prozessoren notwendig, auch und vor allem im Mobilbereich, wo im Moment wahrscheinlich die größten Fortschritte erzielt werden.

Gab es im Jahr 2010 den weltweit ersten Dual Core Prozessor für Mobilgeräte (zwei vollständige, voneinander unabhängige Rechenkerne auf einem Die), erschien 2012 der erste Quad Core Prozessor und für das laufende Jahr 2014 werden Octa Core Prozessoren angekündigt. Einher mit dieser Leistungssteigerung (laut einem inoffiziellen Gesetz der Informatik, welches sich bis heute immer bestätigt hat, eine verdoppelte Leistungsfähigkeit alle zwei Jahre) geht allerdings typischerweise meist auch ein weiter erhöhter Energieverbrauch der Komponenten. Die Hersteller von Smartphones und Tablets sitzen somit in einer Zwickmühle: Entweder optimieren sie die neuen Chips auf möglichst hohe Effizienz, oder sie erhöhen die Akkukapazität, was jedoch durch die derzeitigen Akkutechnologien nur sehr begrenzt funktioniert, vor allem weil die Geräte immer noch handlich sein sollen und müssen.

Durch das regelmäßige Lesen von Fachlektüre (mitunter über Onlineausgaben von Fachzeitschriften täglich) bleibe ich immer up-to-date in Bezug auf neue Entwicklungen aus dem Bereich. Es sind diese Online-Fachartikel, die neben Patentschriften, White papers und vor allem Konferenzschriften die theoretische Basis für meine Erörterungen bilden.

Den finalen Anstoß, dieses Thema für meine VwA zu verwenden, gab mir meine Ernüchterung über die viel zu kurze Akkulaufzeit meines eigenen Smartphones. In dieser Hinsicht war ich bis jetzt mit noch keinem Smartphone, das ich besessen oder ausprobiert habe, zufrieden.

Im Folgenden wird es also darum gehen, einerseits die Problematik und die Ursachen der sich tendenziell verkürzenden Einsatzbereitschaft von mobilen Geräten zu analysieren, und andererseits Wege und Möglichkeiten darzustellen, aus dieser sich augenscheinlich zwangsläufig durch die Entwicklungen und Anforderungen an diese Technologien ergebenden „Sackgasse" zu entkommen.

Dazu wird auf Basis der Erläuterung der Ist-Situation bei aktuellen Smartphones und der Untersuchung der energieintensivsten Leistungskomponenten das Aufzeigen von möglichen Lösungswegen des Dilemmas „stark steigendes Leistungsbedürfnis versus Beschränktheit von Akkukapazität" ein wichtiger Teil der Arbeit sein.

Methodisch werde ich auf Basis der aktuellen Literatur, welche im Übrigen ausschließlich in englischer Sprache verfügbar ist, versuchen, dieses komplexe und sehr vielschichtige Thema einzugrenzen und die meines Erachtens nach wichtigsten Punkte und Aspekte herauszuarbeiten, darzulegen, und auch mit persönlichen Erfahrungen und Einschätzungen abzurunden.

1. <u>Aufbau und Aufgaben eines Mobiltelefons</u>

Um die Ursachen für hohen Energieverbrauch bei Mobiltelefonen definieren zu können, müssen zuallererst der grundsätzliche Aufbau sowie die Aufgaben eines Mobiltelefons erläutert werden, um in den nächsten Kapiteln die größten Verbraucher bzw. ihre Nutzungsszenarios auszumachen.

1.1.   <u>Aufbau eines Mobiltelefons</u>

Ein klassisches Mobiltelefon, wie es seit den 1990er Jahren auf dem Markt ist, besteht zumeist aus folgenden Grundelementen:

- Einem Userinterface, typischerweise einem Eingabesystem über Tasten und einer Anzeige, das die Aufgabe hat, Eingaben und Ausgaben darzustellen, beispielsweise ein LCD-TFT Display
- Einer Stromversorgung, bestehend aus einem Akku und einer Energie-verwaltungs- und Ladesteuerung, mit dem Ziel, die nötige Energie für den Betrieb über möglichst lange Zeit bereitzustellen
- Einer Hauptplatine mit
    - Einem *Digital Signal Processor* (ab jetzt DSP), üblicherweise auf 20MHz getaktet, um die nötige Signalverarbeitungsrechenkraft zur Verfügung zu stellen (beispielsweise. Sprachcodecs, Kanalcodecs, Fehlerkorrektur, etc.)
    - Einem Mikrokontroller, um die DSP zu steuern, und um den GSM Stack und das Userinterface bereitzustellen (van Berkel, 2009)

Unter den wichtigsten Anforderungen an ein praktikables Mobilfunknetz sind natürlich Portabilität, also ein geringer Energieverbrauch für lange Laufzeiten sowie eine relativ (im Vergleich zu kabelgebundenen Kommunikationssystemen) einfach bereitzustellende, aber dennoch gute und stabile Netzabdeckung. Eines der ersten Mobiltelefone, das kommerziellen Erfolg hatte, war das Motorola DynaTAC 8000X aus dem Jahr 1984, aufbauend auf einem analogen Netz mit den dementsprechenden Nachteilen (geringe Störfestigkeit, hoher „Frequenzverbrauch" und niedriger Datendurchsatz). Es bot eine Sprechzeit von etwa 30 Minuten und eine Standby Zeit von 8 Stunden. Das schuhgroße

Gerät stellt eines der ersten richtig portablen Mobiltelefone dar und hatte für damalige Verhältnisse einen großen kommerziellen Erfolg, angesichts des Preises von 3.999 US-$ und der damaligen Netzabdeckung. Bis zu dieser Zeit waren nur solche für den Einbau in Autos kommerziell verfügbar. Die Mankos der anfänglichen Generationen, wie Taschenuntauglichkeit, hohes Gewicht, mangelhafte Empfangsstärke und kurze Akkulaufzeit wurden im Laufe der Gerätegenerationen immer mehr verbessert und verschwanden schon fast vollständig. Eine Akkulaufzeitverlängerung konnte durch diverse Optimierungen im Bereich der RF- und DSP-Einheiten erzielt werden, aber insbesondere durch einen bis heute anhaltenden Trend, der zunehmenden Integration in Schaltkreise:

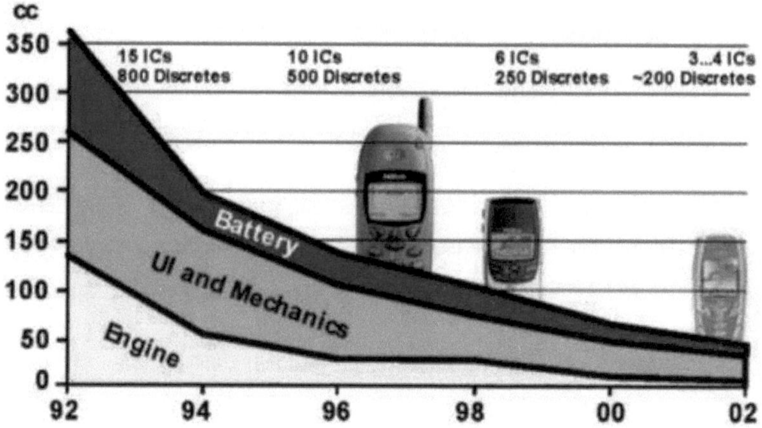

Abbildung 1.A (Neuvo, 2004, S.37)

Abbildung 1.A zeigt die Entwicklungen von Handys in den ersten zehn Jahren der verbreiteten Verfügbarkeit von GSM-Mobilfunk. Hieraus ist ersichtlich, dass die Integration bereits damals, trotz für heutige Verhältnisse eingeschränktem Funktionsumfang, zügig voranging, sodass ein typisches Nokia Mobiltelefon im Jahre 1992 aus 15 ICs und 800 diskreten Bauteilen aufgebaut war, während es im Jahr 2002 auf 3-4 ICs sowie an die 200 diskreten Bauteilen reduziert wurde. (vgl. Neuvo, 2004, S. 32ff). Diese Vorgehensweise, also das Zusammenfassen von Funktionen, Arbeitsbereichen und – aufgaben, wird auch als *Integration* bezeichnet. Erst durch diese Vorgangsweise wurden „echt mobile" Geräte möglich: „The successful integration based on careful design of the wiring board and shieldings reduced the size and cost of the cellular phones dramatically and enabled the first real handportable devices."[1] (Neuvo, 2004, S. 32).

Dieser Trend, der schon in den Anfängen der Entwicklung von mobilen Geräten begann, setzt sich heutzutage immer noch, sogar mit weiterhin ansteigender Geschwindigkeit, fort. Klassische GSM-Mobiltelefone, wie sie in Abbildung 1.A angeführt sind, bestehen zwar auch heute noch zumeist aus 3-4 ICs, wie ein Nokia Telefon aus dem Jahr 2000,

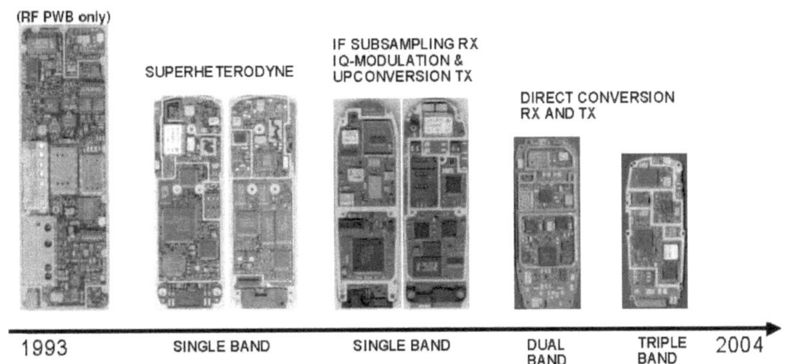

Abbildung 1.B (Neuvo, 2004, S.37)

dennoch hat sich die *Packungsdichte*, das heißt die „Menge" der Funktionen und Leistungsfähigkeit im Verhältnis zum Raum drastisch erhöht. Wie in Abbildung 1.B ersichtlich, wurde in den 2000er Jahren das Hauptaugenmerk auf die Verkleinerung der Geräte und die Integration von mehreren Frequenzbändern gelegt.

1.2. Aufbau von modernen Smartphones

Wie in Abbildung 1.C ersichtlich, waren herkömmliche Mobiltelefone vergleichsweise einfach aufgebaut. Es gab Empfangs- und Sendeeinheiten pro Frequenz, eine DSP und die Bausteine für die Benutzerinteraktion.

---

[1] Die erfolgreiche Integration, basierend auf einem vorsichtigen Design der Hauptplatine und der Abschirmungen, reduzierte die Größe und den Preis von Mobiltelefonen dramatisch und ermöglichte die ersten echt mobilen Geräte.

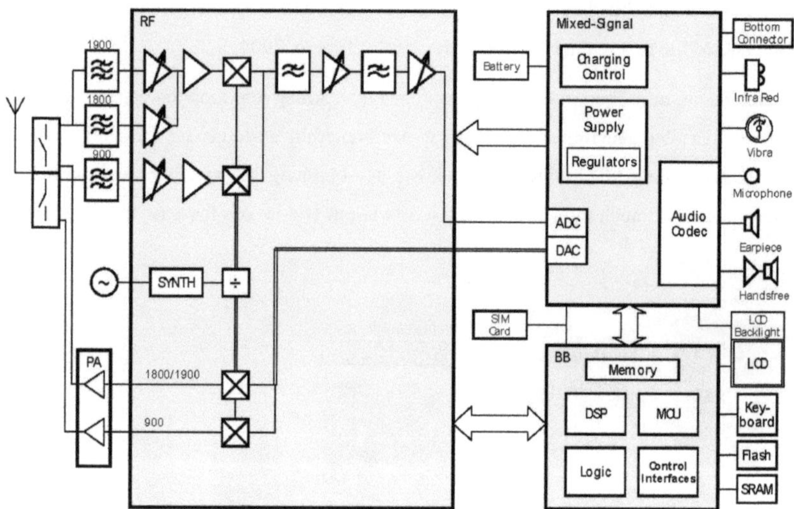

Abbildung 1.C (Neuvo, 2004, S.37)

Ingenieure von aktuellen Smartphones treiben Integration auf die Spitze, weil immer mehr Funktionen und vor allem auch Geschwindigkeit bei grafisch extrem anspruchsvoller Darstellung geboten werden soll. Ein Mobiltelefon, das um die Jahrtausendwende produziert wurde, hatte (wie oben angeführt) im Wesentlichen ein GUI, einen Baseband Prozessor und ein Ein-/Ausgabesystem. Als Beispiel für ein Oberklasse-Smartphone aus dem Jahr 2014 nehme ich das Sony Xperia Z1 Compact, welches folgende Ausstattungsmerkmale auf engem Raum bietet und praktisch alles, was derzeit technisch möglich ist, in einem relativ kleinen Gehäuse vereint.

Im Vergleich zu herkömmlichen Mobiltelefonen bietet es:

- Viele *verschiedene* Konnektivitätsmöglichkeiten:
  - Bluetooth
  - WLAN
  - USB
  - GSM + EDGE
  - WCDMA + HSPA+
  - LTE, LTE-A
  - (a)GPS
  - ANT+

- o CTIA (3,5mm Kopfhöreranschluss)
  - o NFC
  - o Miracast
  - o MHL
- Diverse Sensoren:
  - o Umgebungslichtsensor
  - o Annäherungssensor
  - o Mehrere Mikrofone, um Umgebungsgeräusche herausfiltern zu können und HD-Voice basierend auf AMR-WB bereitstellen zu können
  - o Kompass, also Magnetfeldsensor
  - o Gyrometer = Beschleunigungssensor
  - o G-Meter = Lagesensor
- Hochleistungs-SoC, ein Qualcomm Snapdragon 800, bestehend aus einer Quadcore CPU, Hardwarebeschleunigung für Video und Audio Encodierung, integrierter Adreno 330 GPU, einer DSP sowie weiteren Konnektivitäts- und Berechnungsmodulen

(vgl. Sony Mobile Communications AB, 2014, S.6f sowie Qualcomm Technologies, Inc., 2014)

Man sieht, dass ein modernes Smartphone mit einer Flut an Berechnungen in jedem Moment seiner Benutzung konfrontiert ist, ob es sich nun um die Netzsuche auf 3 unterschiedlichen Mobilfunknetzgenerationen und in Summe 17(!) Zugriffstechnik/Frequenzkombinationen oder das Senden eines Bildes über NFC in einer App bei gleichzeitiger Verbindung mit einem WLAN Netzwerk und Musikstreaming handelt. Dies stellt ein typisches Usingszenario dar, mit einer gewaltigen Menge an Rechenarbeit, das häufig vorkommt und ein aktuelles Smartphone vor keine Schwierigkeiten stellt.

Damit sind wir nun auch beim zentralen Theorem dieser Arbeit: *Akkulaufzeitverlängerung ist bei gleichzeitiger Erhöhung der Leistungsfähigkeit und Bildschirmgröße nur mit höherer Integration und damit einhergehender Weiterentwicklung der Chips möglich.*

Im Folgenden werden nun jene Hauptkomponenten von aktuellen Geräten, die die wichtigsten Energiekonsumenten bilden, dargestellt. Gleichzeitig sollen aus

Übersichtlichkeitsgründen jeweils sofort bei den einzelnen Themen auch die besten und zielführendsten Lösungsansätze ausgeführt werden.

2. <u>Hauptenergieverbraucher von modernen mobilen Geräten</u>

Es gibt vier Hauptgruppen, in die sich die Komponenten eines Smartphones unterteilen lassen, von denen die ersten drei Gruppen gemeinsam, wenn auch nicht gleichmäßig aufgeteilt, den verhältnismäßig größten Energieverbrauch verursachen. Ich werde mich in der Folge mit jedem dieser Verursachergruppen im Einzelnen und im Detail auseinandersetzen. Generell für alle gilt, dass der Energieverbrauch vor allem wegen gesteigerter Anforderungen hinsichtlich folgender Merkmale exponentiell ansteigt:

- Qualität der Verbindungen, der grafischen Darstellung beziehungsweise Aufwändigkeit des GUI
- Ausführungsgeschwindigkeit, sowohl direkt „verfügbar" für den Anwender bei der Bedienung des Geräts, als auch indirekt durch zum Beispiel neue Sprach- und Datencodecs, Konnektivitätsmöglichkeiten und Komfortfunktionen, die eine drastisch erhöhte Rechenkraft (ergo viele spezialisierte Recheneinheiten und – kerne sowie steigende Taktraten) erfordern. Diese Rechenkapazität verzehnfacht sich durchschnittlich innerhalb einer Zeitspanne von fünf Jahren (vgl. Van Berkel, 2009, S. 1260)

2.1 <u>Netzwerk- sowie wide- und shortrange Funkkomponenten</u>

Im Vergleich zu herkömmlichen Dualband-GSM-Mobiltelefonen weisen moderne Smartphones alleine im Bereich der Konnektivität eine Vielzahl von Schnittstellen auf, die alle am Stromverbrauch von Smartphones maßgeblich beteiligt sind.

2.1.1 2G-, 3G- und 4G-Funk

Man muss zwischen mehreren Arten des Energieverbrauchs von Netzwerkkomponenten unterscheiden:

Zum einen die Übertragungsleistung der Konnektivität an sich, also zum Beispiel die Ausgangsstufe (der RF-Teil) eines GSM-Moduls. In den meisten Fällen macht diese einen Großteil der gesamten Energieaufnahme aus, auch wenn eigentlich wenig übertragen wird. Sobald die Schnittstelle aktiviert ist und eine Verbindung zum Endpunkt oder im Falle von Mobilfunknetzen zur Basisstation beziehungsweise sogar mehreren davon gehalten wird, steigt die Energieaufnahme des ganzen Moduls enorm an. Dieser Effekt ist vor allem bei 2G, 3G, 4G sowie WLAN festzustellen. (vgl. Wang & Manner, 2012, S. 300ff) Beachtenswert ist hierbei auch, dass nicht nur der Unterschied zwischen einer aktiven Verbindung ohne und einer mit aktiver Datenübertragung bezüglich Energieverbrauch zu vernachlässigen ist, sondern auch dass der Energieverbrauch pro übertragenem Nutzdaten-Bit bei hoher Linkgeschwindigkeit drastisch abnimmt: „The fixed overhead of transmission is significant when the radio interfaces are in communication state, so the packet size and sending interval should be set as high as possible to minimize the transmission time and per-bit energy consumption."[2] (Wang & Manner, 2012, S. 307).

Aber nicht nur Verbindungen an sich, sondern auch das Suchen nach Netzwerken, Rechen- und Übertragungsarbeit bei Handovern und so weiter brauchen viel Energie. Aktuelle Handys haben es hier besonders schwer, halten sie doch (am Beispiel des Sony Xperia Z1 Compact), wie weiter oben schon einmal angeführt, knappe 20 Zugriffstyp-/Frequenzkombinationen für weltweiten, unterbrechungslosen Zugriff auf aktuellste Mobilfunknetze bereit. Dies stellt auch besondere Anforderungen an die RF-Endstufe, die auf ungefähr zehn verschiedenen Frequenzen störungsfrei und mit höchster Geschwindigkeit arbeiten muss. Für die Logik dahinter bedeutet das, dass wenn alle drei Zugrifftechnologien in den Einstellungen (sofern diese Optionen überhaupt vorhanden sind) aktiviert sind, eben diese Kombinationszahl in jedem Moment nach Netzen und Zugriffsmöglichkeiten abgesucht werden muss, sogar und vor allem während Telefonaten, um fehler- und unterbrechungsfreie Handover garantieren zu können.

Van Berkel kommt in seinem Artikel „Multi-Core for Mobile Phones" auf Seite 1260 zu dem Schluss, dass die Rechenleistung für diverse kabellose Funkverbindungen in Mobiltelefonen durch ebendiese enormen Optimierungen im Ruhezustand, also wenn kein Anruf getätigt wird oder eine Datenverbindung besteht, im Durchschnitt nur 5% der Gesamtenergieaufnahme des jeweiligen Funkmoduls ausmacht. Das bedeutet, dass die

---

[2] Der gleichbleibende Overhead einer Übertragung ist ausschlaggebend [für den Energieverbrauch, Anm.] wenn die RF-Module im Übertragungsmodus sind, deswegen sollte die Paketgröße und das Sendeintervall so hoch wie möglich sein, um die Übertragungszeit und den per-Bit-Energieverbrauch zu minimieren.

meisten Energie eines Funkmoduls im Allgemeinen von der Endstufe und dem Strom für die Berechnungen während einer aktiven Datenverbindung verbraucht wird.

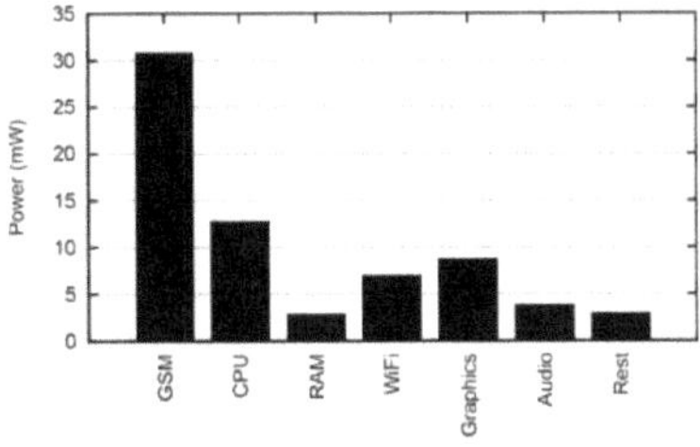

Abbildung 2.A

"Power breakdown in the suspended state. The aggregate power consumed is 68.6mW." (Caroll & Heiser, 2010, S. 275)

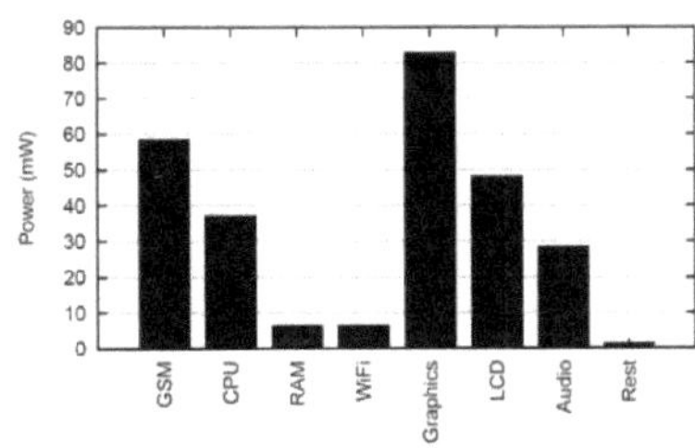

Abbildung 2.B

"Average power consumption while in the idle state with backlight off. Aggregate power is 268.8mW." (Caroll & Heiser, 2010, S. 275)

Caroll & Heiser haben bei ihrem im Jahr 2010 durchgeführten Energieverbrauchstest bei dem Smartphone „Openmoko Neo Freerunner" in ihrem Skriptum „An Analysis of Power Consumption in a Smartphone" auf Seite 274 Messergebnisse ausgewertet und sind im weiteren Verlauf auf beide obige Diagramme gekommen. Hieraus ist ersichtlich, dass im Android „Suspended State" (Abbildung 2.A), also ein Status, wo alle Bauteile aktiviert sind, aber sich im Ruhemodus befinden, weil das Display deaktiviert ist, das GSM-Modul des Neo Freerunner ein *Viertel der Gesamtenergie* verbraucht. Man erkennt, dass Energieeinsparungspotential also im Konnektivitätsbereich genug vorhanden ist.

2.1.2 WLAN Interface

Eine weitere Wireless-Schnittstelle, die den Energieverbrauch drastisch in die Höhe treibt, ist das WLAN Interface. Das Hauptproblem bei Verwendung der WiFi-Anbindung ist, dass die Verbindung immer aufrecht gehalten wird und dass laut Spezifikation nach IEEE 802.11 diese auch aufrecht erhalten werden muss, auch wenn nur selten oder wenig Daten übertragen werden. In einem WLAN nach aktuellem Standard können Daten mit einer Geschwindigkeit übertragen werden, mit denen ein 4G- beziehungsweise 3.9G-Netzwerk (noch) nicht ansatzweise mithalten kann: Sehr niedriger Ping im geringen einstelligen Millisekunden-Bereich sowie Datenraten, die in der Praxis aktuell nur durch die Breitbandanbindung des Routers beziehungsweise durch den Netzzugang begrenzt sind.

Der Nachteil von WiFi-Verbindungen sind die hohen Protokolloverheads bei kurzen Paketen, die im schlechtesten Fall, vor allem bei Verwendung des veralteten 802.11b-Standards, sogar die eigentlichen Nutzdaten in ihrer Länge, Übertragungszeit und somit Energieverbrauch übertreffen können:

> „Especially when 802.11 packets are short, overhead can dominate 802.11 traffic. When the standard IPv4 protocol is implemented, roughly 45 percent of the WLAN's traffic can be attributed to 802.11 MAC encapsulation overhead. Furthermore, 802.11b has a header that is strictly overhead and it is, at a minimum, five times longer than the 802.11a/g header."[3] (Texas Instruments Incorporated, 2003, S. 5)

Dies führt zu einem sehr schlechten Verhältnis von Energieverbrauch durch Nutzdaten zu Energieverbrauch durch das Übertragungsprotokoll bei kurzen Paketen, wie es zum Beispiel bei Benutzung von Instant-Messaging-Apps wie dem weit verbreiteten „WhatsApp" auftritt. Dazu kommt, dass Energiesparfeatures für WiFi-Verbindungen zwar mit 802.11n spezifiziert wurden, aber dennoch durch schlechte Kompatibilität selten verwendet beziehungsweise überhaupt implementiert werden. Laut dem Whitepaper der Firma Texas Instruments Inc. „Low Power Advantage of 802.11a/g bs. 802.11b" vom Dezember 2003 sollten WLAN-Chipsets, um die vollen Energieeffizienzpotentiale von IEEE 802.11 auszuschöpfen, einen sehr niedrigen Idle-State-Energieverbrauch haben, und auch die Möglichkeit haben, die Übertragungsleistung dynamisch anzupassen sowie verschiedene QoS Modi zu beherrschen.

2.1.3 NFC, Bluetooth und andere short-range Funktechnologien

Ein weiterer Bereich, wo Netzwerkkomponenten vor allem im Standbymodus einen hohen Energieverbrauch aufweisen können, sind sogenannte *short range data interfaces*. Zu ihnen zählen alle Funkverbindungen beziehungsweise Funktechnologien, die eine Reichweite von einigen Zentimetern bis zu wenigen Metern aufweisen. Die für Smartphones relevanten sind ANT+, Bluetooth und Near Field Communication, im folgenden kurz als *NFC* angegeben.

---

[3] Besonders wenn 802.11 Pakete kurz sind, kann der Overhead den 802.11 Traffic dominieren. Wenn das Standard IPv4-Protokoll implementiert ist, kann ungefähr 45 Prozent des WLAN-Traffic der 802.11 MAC-Kapselung zugeschrieben werden. Desweiteren hat 802.11b einen Header, der strikt overhead [länger als die eigentlichen Nutzdaten, Anm.] ist und mindestens fünfmal länger als der 802.11a/g Header ist.

NFC ist, wie der Name *Near Field Communication* schon sagt, eine Technologie, die entweder eine aktiv-passive oder auch eine aktiv-aktive Datenverbindung von maximal 424kBit pro Sekunde auf dem 13,56MHz-Band mit einer (absichtlich so gering gewählten) Reichweite von maximal zehn Zentimetern ermöglicht. Das Problem hinsichtlich des Energieverbrauchs von NFC ist die niedrige Effizienz, selbst bei häufiger Verwendung des Moduls, die in der Praxis allerdings praktisch kaum vorkommt: Typischerweise prüft ein NFC-Chip in einem Intervall von 330ms (also mit etwa 3Hz), ob eine Gegenstelle erreichbar ist. In einer überwältigenden Mehrheit der Fälle endet diese Überprüfung im Endeffekt ohne Verbindungsaufbau, da schlicht kein anderer Transponder vorhanden ist. (vgl. Rowse & Nokia, 2010, S. 8) Genau aus diesem Grund kann der Stromverbrauch eines mobilen Gerätes nur durch diese Standbyabfragen enorm ansteigen: „With current technology, this type of repetitive activation can add up to upwards of 20 percent of the power consumed by the mobile terminal."[4] (Rowse & Nokia, 2010, S. 8).

Darüber hinaus können auch andere Störeinflüsse den Energieverbrauch einer NFC-Einheit in die Höhe treiben, beispielsweise ein nicht unterstütztes Übertragungsprotokoll, was im lizenzfrei betreibbaren 13,5MHz-Band vor allem mit Aufkommen anderer kabelloser Authentifizierung- oder Übertragungsmehtoden relevant ist. Beispiele hierfür sind kabellosen Türzugangskontrollen, Kassensysteme („EPC global") und andere, mit stärkerer Sendeleistung betriebene Methoden auf demselben Frequenzband. In so einem Fall wird von einem NFC-Modul eine Aktivität erkannt, diese kann aber nicht dekodiert werden und verursacht einen Stromverbrauch, der sogar über dem einer standard-konformen Übertragung liegen kann, vor allem aufgrund der aufwändigen Fehlerverwaltung.

2.2 Display

Ein modernes Smartphone hat im Bereich des Displays konkurrierende Eigenschaften in einem ausgewogenen Maß zu vereinen.

Einerseits soll es ein flüssiges Bedienungserlebnis bieten, kompakt in den Ausmaßen sein und eine lange Batterielaufzeit aufweisen.

---

[4] Mit aktueller Technologie kann diese Art von sich wiederholender Aktivierung [des NFC-Moduls, Anm.] bis zu 20 Prozent zum Energieverbrauch des mobilen Geräts hinzufügen.

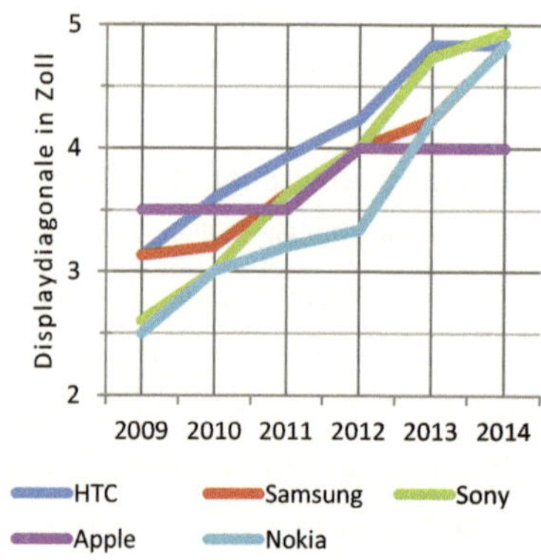

Abbildung 2.C (verändert nach Kleinwächter, 2014)

Andererseits geht der Trend eindeutig in Richtung großer und sehr großer Displaygrößen, die den anderen drei Zielen entgegentreten:

Während um die Jahrtausendwende die meisten Mobilgeräte (mit damals noch monochromen LCDs) Displaygrößen um die 1,5 Zoll aufwiesen, stieg die Displaygröße insbesondere seit der Veröffentlichung des iPhones 2007 – mit einer damals unvorstellbar großen 3,5" Diagonale – drastisch an.

Abbildung 2.C zeigt die Entwicklung der durchschnittlichen Bildschirmgrößen je Hersteller im Zeitraum von 2009 bis 2014. (Kleinwächter, 2014). Sehr gut erkennbar ist der eindeutige Trend zu größeren Displays, sogar bei Apple, die sich bei diesem Merkmal seit der Veröffentlichung der ersten Generation des iPhones immer zurückhielten.

Der Energieverbrauch von Displays steigt nahezu linear mit der Fläche desselben an; fast der ganze Gesamtenergieverbrauch rührt von der Hintergrundbeleuchtung, die mit größerer Fläche mehr zu beleuchten hat. Ein weiterer, nicht weniger vernachlässigbarer Effekt ist der, dass größere Displays meist mit überproportional (im Vergleich zum Anstieg der Displayfläche) großer Pixelanzahl produziert werden, vor allem um trotzdem ein schönes Nutzererlebnis bieten zu können.

Das Problem dabei ist, dass jedes der zusätzlichen Pixel von der GPU zusätzlich berechnet werden muss, was in höherer Auslastung und somit einhergehend viel höherem Gesamtenergieverbrauch des Mobiltelefons einhergeht. So hat die Grafikkarte eines Handys mit einer Auflösung von 1280x720 Bildpunkten (HD) 921.600 Pixel zu berechnen, während es bei 1920x1080 Bildpunkten (FHD) schon mehr als das doppelte, also 2.073.600 Pixel abzuarbeiten gilt, und das mit einer Framerate von 30 fps und bei gleichzeitiger Berechnung von Texturen und Überlappungen, Transparenzen, Animationen und so weiter. Die Grafiklast der Grafikkarte ergibt sich aber nicht nur nominal durch die höhere Pixelanzahl, sondern durch eine solche müssen manche niedrigauflösende Apps zum Beispiel zusätzlich noch auf die erforderliche Auflösung hochskaliert werden.

Eine solche Leistungsfähigkeit haben vor ein paar Jahren nicht einmal PC-Grafikkarten gehabt, beziehungsweise auch nicht benötigt: Beispielsweise wurde von der IEEE erst 2008 die Empfehlung herausgegeben, Webseiten nicht mehr auf eine Auflösung von 1024x768 sondern 1280x768 oder höhere Auflösungen zu optimieren. Inzwischen (2014) kamen schon die ersten Smartphones auf den Markt, die UHD-Auflösung bieten, also 3840x2160, was rund 8,3 Millionen Pixel, also einer Rechenlast von knapp 250 Mio. Pixel pro Sekunde bei Bildschirmaktualisierung entspricht.

Für den Energieverbrauch des LCD- oder OLED-Bildschirms auch ausschlaggebend ist der Inhalt, welcher auf der Anzeige dargestellt wird: Caroll & Heiser fanden im Jahr 2010 in ihrer Publikation „An Analysis of Power Consumption in a Smartphone" auf Seite 275 am Beispiel des schon weiter oben erwähnten Geräts „Openmoko Neo Freerunner" heraus, dass der Bildschirm des Mobiltelefons bei vollständig weißer Anzeige 33,1 mW Leistung aufnimmt, während ein komplett schwarzer Bildschirm 74,2 mW Energie verbraucht. Dies hängt mit der *physikalischen Grundlage* von LCD-Bildschirmen zusammen: Sie bestehen aus üblicherweise drei Flüssigkristallen pro Pixel (Rot, Grün und Blau), die auf eine Weise angesteuert werden, dass sie nur eine bestimmte Menge Licht der ihr zugeordneten Farbe durchzulassen; so lassen sich bei modernen Bildschirmen durch 24-Bit-Ansteuerung 16,7 Millionen Farbtöne pro Pixel darstellen. Bei voller Aussteuerung, also wenn alle Punkte vollständig abdunkeln, ist dementsprechend der Energieverbrauch am höchsten.

Um ein Vielfaches verstärkt tritt der Effekt, dass der dargestellte Inhalt den Stromverbrauch beeinflusst, bei *Organic Light Emitting Diode* (ab hier OLED) Displays auf. Bei diesen tritt das Phänomen aber genau umgekehrt auf: Bei vollständiger Abdunkelung verbrauchen OLEDs nahezu keinen Strom, bei hellen Darstellungen steigt der Stromverbrauch drastisch an. OLED-Displays sind aus kleinen organischen Leuchtdioden aufgebaut, pro Pixel bestehend aus den drei Primärfarben und oft einigen Hilfsfarben für schönere Darstellung, die bei angelegter Spannung aufleuchten. Energieeinsparung bei Mobiltelefonen mit dieser Displaytype ist daher insofern relativ einfach: Software, die auf ein Weiß-auf-Schwarz Interface setzt und zum Beispiel ein eher dunkles Hintergrundbild bereithält, kann die Akkulaufzeit bereits enorm verlängern.

Umgekehrt sollten bei einem LCD nach Möglichkeit helle Grundfarben dominieren, und, genauso wie bei OLED-Displays, eine sehr proaktive Abunkelungsstrategie verfolgt werden, möglichst in Kombination mit Sensoren, die diese Aufgabe dem Anwender abnimmt.

2.3 Prozessor

Das *System-on-a-Chip* (in der Folge SoC) eines Smartphones stellt sozusagen das Herz desselben dar. Auf einem oder (je nach Architektur) mehreren Prozessorkernen laufen alle Threads, also Anwendungen, das GUI, der Kernel, er steuert seine DSPs, die Kamera, den Bildschirm mit Hilfe der Grafikkarte und so weiter.

2.3.1 Leistungsfähigkeit und Aufgabengebiete aktueller SoCs

Am Beispiel des Snapdragon 800 sieht man sehr gut, was ein modernes SoC alles in einem einzigen Chip integrieren kann. Im Idealfall braucht man neben dem SoC außer Arbeits- und Datenspeicher keine weiteren ICs auf dem Mainboard eines Smartphones verbauen, praktisch alle Aufgaben kann das SoC erledigen:

Abbildung 2.D (Qualcomm Technologies, Inc., 2014)

Auf dem Snapdragon 800 sind integriert:

- Ein Connectivity Modul mit folgenden Ausstattungsmerkmalen:
    - Quadband-GSM, Pentaband-UMTS und Octaband-LTE (FDD- und TDD-Zugriffsmodi) Modem, und einem RF Modul
    - 802.11b/g/n/ac Kern mit integriertem Transceiver
    - Bluetooth 4.0 Kern + RF
    - USB 3.0, MHL Unterstützung
- Die Kameraansteuerung für zwei Kameras mit jeweils bis zu 21 MP
- Ein Displayansteuerungsmodul für ein 2560x2048 und ein 1080p Display, sowie ein externes UHD Display
- Ein vollständiger GPS und GLONASS Empfänger
- Eine Quadcore CPU basierend auf Krait 400 Kernen (verbesserte/abgeänderte ARM Cortex A15 CPUs), getaktet auf bis zu 2,3 GHz
- Eine Qualcomm Adreno 330 GPU unter anderem mit Unterstützung für OpenGL ES 3.0
- Eine sogenannte „Hexagon V50" DSP mit Unterstützung für VLIW[5], getaktet auf bis 680MHz
- Ein dedizierter „Sensor Core", das heißt ein eigener Rechenkern zur Auswertung von Sensordaten
- Eine Einheit zur Dekodierung und Encodierung von diversen Audio-/Videoformaten in Hardware; unter anderem DTS-HD, Dolby Digital Plus Audio und UHD-Video im H.264-Format

Ein Schlüsselpunkt im Bereich der Energieeinsparung bei mobilen Prozessoren ist die höchstmögliche Integrierung, die folgende Vorteile bringt: Konstruktionsbedingt fallen damit eigene Stromversorgungen (Spannungs-/Stromumwandlungen) für verschiedene Bauteile weg, was die Effizienz steigert. Des Weiteren ist eine der effektivsten Möglichkeiten den Stromverbrauch von Bauteilen zu senken, die Strukturgröße des SoCs zu verkleinern. Durchschnittlich nach ungefähr 3-5 Prozessorgenerationen schafft es die Industrie, die Strukturgröße noch weiter zu verkleinern: Die Snapdragon 800-Familie

---

[5] VLIW = Very long instruction word; zu Deutsch „Sehr langes Befehlswort", eine Architektur, die es ermöglicht, sehr lange Befehle, die z.B. auf RISC Prozessoren in vielen Zyklen laufen würden, in einem Zyklus abzuarbeiten. Beispielsweise kann die Hexagon-DSP laut Herstellerangaben ein VLIW aus einer inneren Schleife einer FFT-Berechnung, das auf einem normalen Prozessor in mehr als 36 Zyklen laufen würde, in einem einzigen Befehlszyklus abarbeiten.

basiert auf 28nm Strukturgröße, was bedeutet, dass einer von den hunderten Millionen Transistoren der Kerne in einer Größe von 28nm aufgebaut ist. Der nächste große Schritt wird die Einführung einer 20nm-Generation sein, die weitere Leistungssprünge bei gleichzeitiger Energieverbrauchsenkung verspricht.

2.3.2 Strategien zur Senkung des Stromverbrauchs von SoCs

Es gibt verschiedene Strategien, um den Stromverbrauch von SoCs zu senken. Am sinnvollsten ist eine Kombination und bestmögliche Implementierung aller vorhandenen Vorgehensweisen, damit der Stromverbrauch unter den verschiedensten Betriebsbedingungen und Leistungsanforderungen möglichst ohne Geschwindigkeits- oder Komforteinbußen nachhaltig gesenkt werden kann.

Hierbei lassen sich etwaige Entwicklungen in zwei Gruppen unterteilen, und zwar in einerseits solche, die den Prozessor *an sich* weniger Energie verbrauchen lassen (so zum Beispiel eine Verringerung der Strukturbreite oder effizienteres Pipelining) und andererseits Entwicklungen, die den Stromverbrauch des Prozessors im Betrieb über Soft- oder Hardwaresteuerung senken. Der bekannteste Vertreter letzterer Strategie ist *Advanced Voltage and Frequency Scaling,* kurz AVFS, welche in der Folge genauer beschrieben wird. Während erstere die physisch vorgegebene Stromaufnahme durch andere Bau- und Konstruktionsarten reduzieren, verringern letztere die Stromaufnahme durch effizientere Ausnutzung der Ressourcen und damit verbundener geringerer Stromaufnahme.

2.3.2.1   Advanced Frequency and Voltage Scaling

Aktion	*Symbol*	*Daten-durchsatz*	*Leistungs-aufnahme*
Takt stoppen	$f_c \downarrow 0$	$\downarrow 0$	$P_D \downarrow 0$
frequency scaling (FS)	$f_c \downarrow$	$\downarrow$	$P_D \downarrow$
voltage scaling (VS)	$V_{DD} \downarrow$	$\downarrow$	$P_D \downarrow$
power down (PD)	$V_{DD} \downarrow 0$	$\downarrow 0$	$P_S \downarrow 0$
forward body bias (FBB)	$V_t \downarrow$	$\uparrow$	$P_S \uparrow$
reverse body bias (RBB)	$V_t \uparrow$	$\downarrow$	$P_S \downarrow$

Tabelle 2-A

Ein weit verbreitetes Verfahren, von der britischen Firma ARM erfunden, und mit großem Erfolg in immer verfeinerten und verbesserten Versionen noch heute eingesetzt ist *Advanced Voltage and Frequency Scaling* (in der Folge AVFS).

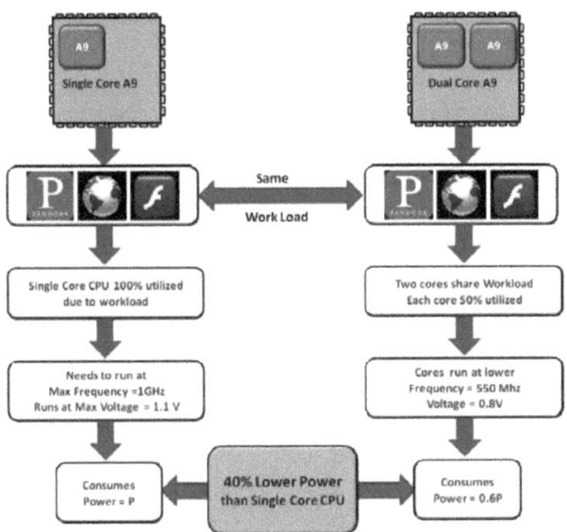

Das System macht sich das physikalische Gesetz zunutze, dass der Stromverbrauch einer CPU linear mit der Frequenz und quadratisch zur angelegten Spannung steigt. Das Problem dabei ist, dass, um die CPU bei höherer Taktrate überhaupt betreiben zu können, die Spannung zwangsweise erhöht werden muss, wodurch sich folgende Formel ergibt: $P_{CPU} \cong V^3$.

Abbildung 2.E (Nvidia Corporation, 2010, S. 14)

Bei AVFS wird der Prozessor deswegen, wenn er nicht unter Volllast steht, dynamisch, unter Android je nach *Governor*, also vordefinierter erwarteter Leistungsanforderung, heruntergetaktet und die Spannung reduziert. Damit lassen sich enorme Energieeinsparungen erzielen, und manche Einführungen wie Multi-Core SoCs machen aus Energiesparperspektive auch erst damit Sinn:

Die Firma Nvidia stellt in ihrem im Jahr 2010 veröffentlichten Whitepaper sehr genau die Vorteile von Multi-Core SoCs unter anderem auch im Hinblick auf Energieeinsparungs-potential dar.

Durch die dynamische Runtertaktung hat, bei gleicher Arbeitslast, eine Dual-Core CPU trotz einem zweiten Kern einen niedrigeren Energieverbrauch, da sie beide nur auf ein paar Prozent über der Hälfte der Taktung des Single Cores laufen. Unter diesen Umständen kann man die Spannung reduzieren, was unter dem Strich zu einem Energiesparpotential von ca. 40% in diesem Fall führt. Dieses Verfahren ist so effektiv, dass es in den letzten Jahren sogar bei Desktop-PC Prozessoren eingeführt wurde, da dies einer der wenigen effektiven Wege ist, die Leistung ohne noch höhere Taktraten zu steigern, und das darüber hinaus noch dazu enorme Energieeinsparungen ermöglicht.

„For several decades PC processors were primarily single core architectures and CPU makers increased performance by increasing operating frequencies, core sizes, and using smaller manufacturing processes allowing more transistors in the same chip area. However, PC manufacturers realized that the continual increase in frequency and core sizes caused exponential increases in power consumption and excessive heat dissipation. Therefore, CPU makers developed multi-core CPU architectures to continue delivering higher performance processors, while limiting the power consumption of these processors. Most desktop and notebook systems today use either a dual or quad core processor and consume significantly lower power than their single core predecessors. But mobile devices like smartphones and tablets benefit even more from multi-core architectures because the battery life benefits are so substantial."[6] (Nvidia Corporation, 2014, S. 21)

Und weiter: „In order to further increase the performance and stay within mobile power budgets, it is inevitable that all mobile processors will eventually have multi-core processors."[7] (Nvidia Corporation, 2014, S. 21)

Die Abstriche, die man dadurch machen muss, sind unter anderem eine schlechtere Reaktionszeit bei Echtzeitanwendungen, da bei einer Eingabe oft für kurze Zeit eine hohe Anzahl an Befehlen anfällt, die praktisch in Echtzeit abgearbeitet werden müssen, und nach diesen Routinen der Prozessor praktisch wieder in den Idle-Zustand fällt. Die Entwickler von Android sind diesem Problem auf folgende Weise begegnet: Android taktet ab Version 4.1 Jelly Bean die Kerne mit Erkennung einer Berührung auf dem Bildschirm noch vor der eigentlichen Abarbeitung etwaiger Befehle hoch, um möglichst gut auf Eingaben ansprechen zu können. (Google Inc., 2013)

---

[6] Über mehrere Jahrzehnte hinweg waren PC Prozessoren primär Einkernarchitekturen und CPU Ingenieure erhöhten die Leistungsfähigkeit durch Erhöhung des Arbeitstaktes, der Kerngrößen, und durch Benutzung von kleineren Herstellungsprozessen, die mehr Transistoren auf demselben Chipbereich erlaubten. Jedoch erkannten PC-Hersteller, dass linearere Anstiege von Frequenz und Kerngröße exponentielle Anstiege der Leistungsaufnahme und exzessive Hitzeentwicklung auslösten. Deswegen entwickelten CPU Hersteller Mehrkern-CPU-Architekturen um weiterhin besser performende Prozessoren liefern zu können, und gleichzeitig den Energieverbrauch dieser Prozessoren zu beschränken. Die meisten Desktop- und Notebook-PCs heutzutage verwenden entweder Zwei- oder Vierkernprozessoren und verbrauchen viel weniger Energie als ihre Einkern-Vorgänger. Aber mobile Geräte wie Smartphones und Tablets profitieren umso mehr von Mehrkern-Architekturen weil Batteriestromeinsparungen so elementar sind.
[7] Um die Leistungsfähigkeit weiterhin erhöhen zu können und im mobilen Energiebudget bleiben zu können, ist es unbestreitbar, dass alle mobilen Prozessoren bald Mehrkernprozessoren haben werden.

2.4 <u>Peripheriebausteine und Sensoren</u>

2.4.1 Arten von Sensoren in einem Smartphone

Der spezifische Anteil der verschiedensten Sensoren eines Smartphones am Gesamtenergieverbrauch ist vernachlässigbar, da die meisten nur für kurze Zeit oder nur in bestimmten Usage-Szenarios aktiv sind. Dazu zählen:

- Annäherungssensor; wird nur bei Anrufen aktiviert um den Bildschirm abzudunkeln sowie die Toucheingabe zu sperren
- Kamerasensor; wird nur bei Foto-/Videoaufnahmen aktiviert und verbraucht als passiver Sensor auch nicht viel Energie
- Mikrofone, die nur während Anrufen und eventuell bei Videoaufnahmen oder Benutzung einer eventuell vorhandenen Diktiergerätfunktion zum Einsatz kommen
- Magnetfeldsensor; bei Aktivierung von Ortungsfunktionen, das heißt zumeist in Verbindung mit einer GPS/Glonass-Verbindung

Zu den Sensoren, welche die ganze Betriebszeit oder einen Großteil davon aktiv sind, gehören:

- Umgebungslichtsensor; wird verwendet um die Bildschirmhelligkeit je nach Bedarf dem Umgebungslicht anzupassen, einerseits zu Stromsparzwecken und andererseits zur (gleichzeitigen) Sicherstellung der einwandfreien Lesbarkeit, zum Beispiel auch bei voller Sonneneinstrahlung
- G-Sensor, oft auch Lagesensor genannt; wird hauptsächlich verwendet um den Bildschirminhalt bei Drehung in eine andere Lage mitzudrehen, beispielsweise von Hoch- in Querformat
- Beschleunigungssensor; kommt zum Einsatz für Befehle durch Schütteln des Gerätes oder in Spielen zur Steuerung von selbigen

2.4.2 Auswirkungen von Sensoren auf den Stromverbrauch

Den für den Stromverbrauch relevantesten Sensor stellt der Umgebungslichtsensor dar; er ist auch einer der effektivsten und gleichzeitig einfachsten Mechanismen um die Akkulaufzeit zu verlängern. Durch ständige oder periodische Messung des

Umgebungslichtes kann die Displayhelligkeit dynamisch angepasst werden. Bei heller Umgebung wird der Bildschirm aufgehellt, um einwandfreies Lesen gewährleisten sowie brillante Darstellung bieten zu können. Bei dunkler Umgebung wird der Bildschirm abgedunkelt; ein positiver und der wichtigste Effekt ist, dass ohne Zutun des Benutzers Energie gespart wird. Andererseits kann ein zu heller Bildschirm auch als sehr unangenehm beziehungsweise sogar blendend empfunden werden. In dem Sinne stellt der Umgebungslichtsensor sowohl eine Komfortfunktion als auch ein Energiesparfeature dar.

Die restlichen Sensoren haben auf den Energieverbrauch nur indirekt Einfluss. Beim Gerät Neo Freerunner haben alle restlichen Sensoren und Taster et cetera weniger als 2% Einfluss auf den Energieverbrauch im Idle Zustand; im normalen Betrieb liegt dieser Anteil noch niedriger. Indirekt beeinflussen sie den Energieverbrauch aber vor allem über die zusätzliche Prozessorlast, wobei es leider keine konkreten Zahlen gibt. Es ist aber dennoch anzunehmen, dass diese vor allem während eines Anrufs, wo mehrere gleichzeitig aktiviert werden, einen nicht unerheblichen Anteil am Energieverbrauch während einer Anruf- oder anderwärtiger konstanter Stimmenübertragung und -modulation mit den typischen Merkmalen und Aufgaben eines Anrufs (VoIP-Telefonat) haben.

3. <u>Ausblick und Zusammenfassung</u>

Entwickler von modernen Geräten müssen an mehreren Fronten kämpfen: Einerseits zwingt der Konkurrenzdruck Hersteller weiterhin kräftig an der Leistungsschraube zu drehen, andererseits wird trotzdem eine längere Ausdauer immer wichtiger auch für Konsumenten.

Um in Zukunft längere Akkulaufzeiten bei mobilen Geräten bieten zu können, werden also zusammenfassend die Hersteller an mehreren Fronten arbeiten müssen. In logische Entwicklungsbereiche aufgeteilt ergibt sich folgende Einteilung:

1. Hardwareverbesserungen im Bereich des SoCs beziehungsweise dem Hauptprozessor und den zentralen Rechenbauteilen
2. Hardwareverbesserungen im Bereich von Peripheriebausteinen
3. Technologische Neuerungen und Weiterentwicklung der Netzwerkkomponenten
4. Einsatz neuer Displayarten und -technologien
5. Verbesserungen der Akkukapazität
6. Entwicklungen der Software, intelligente sowie bedarfsorientierte Hardwaresteuerung

Bei genauerer Betrachtung lässt sich keine eindeutige und von vornherein klare Gewichtung feststellen. Verbesserungspotentiale bestehen überall und sollten auch gemeinsam bearbeitet werden, um die besten Ergebnisse sicherzustellen, sowie die Entwicklungen der einzelnen Teiltechnologien optimal nutzen und einsetzen zu können.

Meiner Einschätzung nach werden auf kurzfristige Sicht die größten Schritte in den Bereichen Display und SoC/CPU zu erwarten sein. In den anderen Gebieten sind die Potentiale schwerer und deswegen nur langfristig zu heben. Vor allem beim Hauptprozessor besteht ein großes Energiesparpotential darin, den Ruhestrom beziehungsweise die Energieaufnahme bei geringen Taktraten so zu senken, sodass die Phasen, in denen das Gerät nicht aktiv verwendet wird (also bei abgeschaltetem Bildschirm), verlängert werden.

Jedenfalls wurde eingehend im Verlauf der letzten Kapitel erläutert, wo die Hauptansatzpunkte sowohl für die Ingenieure und Ingenieurinnen als auch für die Industrie sind und woran auch schon intensiv geforscht und gearbeitet wird.

Literaturverzeichnis

Aroca, R. V., & Gonçalves, L. M. (2012). Towards green data centers: A comparison of x86 and ARM architectures power efficiency. *Journal of Parallel and Distributed Computing*(Vol.72(12)), S. 1770-1780.

Caroll, A., & Heiser, G. (Juni 2010). An Analysis of Power Consumption in a Smartphone. *USENIX annual technical conference*, S. 271-285.

Ergen, M., & Varaiya, P. (Juni 2007). Decomposition of Energy Consumption in IEEE 802.11. *2007 IEEE International Conference on Communications*, S. 403-408.

Google Inc. (2013). *Jelly Bean | Android Developers*. Abgerufen am 18. August 2014 von Android Developers: http://developer.android.com/about/versions/jelly-bean.html

Kim, H., Agrawal, N., & Ungureanu, C. (2011). Examining Storage Performance on Mobile Devices. *Networking, Systems, and Applications on Mobile Handhelds: Proceedings of the 3rd ACM SOSP Workshop*, S. 1-6.

Kleinwächter, J. (06. August 2014). *Der Trend zum Phablet hält an - Größer gleich besser?* Abgerufen am 18. August 2014 von Smart Checker: http://www.smartchecker.de/ratgeber/der-trend-zum-phablet-haelt-an-groesser-gleich-besser/3697

Lorchat, J., & Noel, T. (Oktober 2003). Power Performance Comparison of Heterogeneous Wireless Network Interfaces. *2003 IEEE 58th Vehicular Technology Conference, Vol. 4*, S. 2182-2186.

Neuvo, Y. (Februar 2004). Cellular Phones as Embedded Systems. *2004 IEEE International Solid-State Circuits Conference*, S. 32-37.

Nvidia Corporation. (2010). Abgerufen am 12. August 2014 von Welcome to NVIDIA - World Leader in Visual Computing Technologies: http://www.nvidia.com/content/PDF/tegra_white_papers/Benefits-of-Multi-core-CPUs-in-Mobile-Devices_Ver1.2.pdf

Qualcomm Technologies, Inc. (2014). *Snapdragon 800 Processor Specs and Details | Qualcomm*. Abgerufen am 26. August 2014 von Qualcomm: https://www.qualcomm.com/products/snapdragon/processors/800

Ranade, P. (20. Februar 2012). SoC era brings new front in the chip wars. *Electronic Engineering Times*, S. 32-33.

Ranade, P. (5. März 2012). SoC era brings new front in the chip wars, Part II. *Electronic Engineering Times*, S. 30-32.

Rowse, G., & Nokia. (2010). *Patentnr. US 7,720,438 B2*. USA.

Sony Mobile Communications AB. (Mai 2014). *Xperia Xperia Z1 - Technische Daten | 4,3-Zoll-Touchscreen - Sony Smartphones (Austria)*. Abgerufen am 26. August 2014 von White paper May 2014 Xperia Z1 Compact D5503: http://www-support-downloads.sonymobile.com/d5503/whitepaper_EN_D5503_xperia_z1%20Compact_5.pdf

Texas Instruments Incorporated. (Dezember 2003). *Low Power Advantage of 802.11a/g vs. 802.11b*. Abgerufen am 6. August 2014 von Texas Instruments Website: http://focus.ti.com/pdfs/bcg/80211_wp_lowpower.pdf

van Berkel, C. K. (2009). Multi-Core for Mobile Phones. *Proceedings -Design, Automation and Test in Europe*, S. 1260-1265.

Wang, L., & Manner, J. (Dezember 2012). Energy Consumption Analysis of WLAN, 2G and 3G interfaces. *Green Computing and Communications*, S. 300-307.

Wang, Y.-C., & Cheng, K.-T. T. (Oktober 2012). Energy and Performance Characterization of Mobile Heterogeneous Computing. *2012 IEEE Workshop on Signal Processing Systems*, S. 312-317.

Wee, T. K., & Balan, R. K. (Oktober 2012). Adaptive Display Power Management for OLED Displays. *ACM SIGCOMM Computer Communication Review*(Vol.42(4)), S. 485-490.

Abbildungsverzeichnis